ThingLink

VR網頁內容輕鬆做

王妙媛、楊小瑩 著
彰師大
教學卓越中心主任
師資培育中心教授

五南圖書出版公司 印行

FOREWORD

In 2005, when I was a researcher at the Department of Education, University of Helsinki, it became clear to me that images and videos would change the way we learn in the future. Inspired by this thought, I founded ThingLink to connect the things we see in images to more information about them.

Images and videos have become the main interface for online learning. In the next ten years, key drivers for educational infrastructure reform are accessibility, flexibility, collaboration, and life-long learning. Being a student in a school is not anymore dependent on attending classes in a physical space. The role of digital and visual learning environments will grow, but this does not mean students will spend less time with their teachers.

This book shows how teachers can help their students to 1) develop contextual understanding by visiting real-world environments virtually and 2) take a more active role in documenting their own learning using multiple forms of media.

We warmly thank our partner Hunglun Technology for sharing their expertise and for collecting these examples for teachers and students in Taiwan.

Ulla Koivula

Founder and CEO, ThingLink

獎項：

UNESCO 聯合國科教文組織

[1]來自芬蘭的身臨其境的學習工具贏得了聯合國教科文組織的教育創新獎

---

[1] "Immersive learning tool from Finland wins UNESCO Prize for ... - It works." 8 Mar. 2019, https://en.unesco.org/news/immersive-learning-tool-finland-wins-unesco-prize-innovation-education. Accessed 11 Apr. 2019.

目 錄

第五章　首頁瀏覽工具列說明

第六章　編輯介面

第七章　一頁說故事（手機操作版）

附錄　自然與生活科技領域教學活動設計

Chapter 1

Thinglink 在教學上的應用

面對現代數位原生代（digital native），大多在數位媒體陪伴中成長，對於視覺的需求極為強烈，絕大部分的學生以「視覺圖像」進行學習資訊的傳遞與獲取，因此教師應深入了解，如何設計出學生們易於接受的教材與教學策略，以滿足學生多樣化的需求，如圖片、動畫、影片、多媒體運用等。目前市面上有許多自製教材使用的軟體工具，可以幫助我們解決學習上的效率問題。因此，選擇一個操作簡易且所需經費低的軟體工具，能節省老師熟悉軟體功能以及製作教材的時間。

Thinglink 是一個免費的線上工具，利用圖像轉換為多媒體的熱點／啟動器，讓圖像可以嵌入具有多功能性的多媒體資訊，在原來單調枯燥的圖片上增加資料的多元性、互動性和易用性，

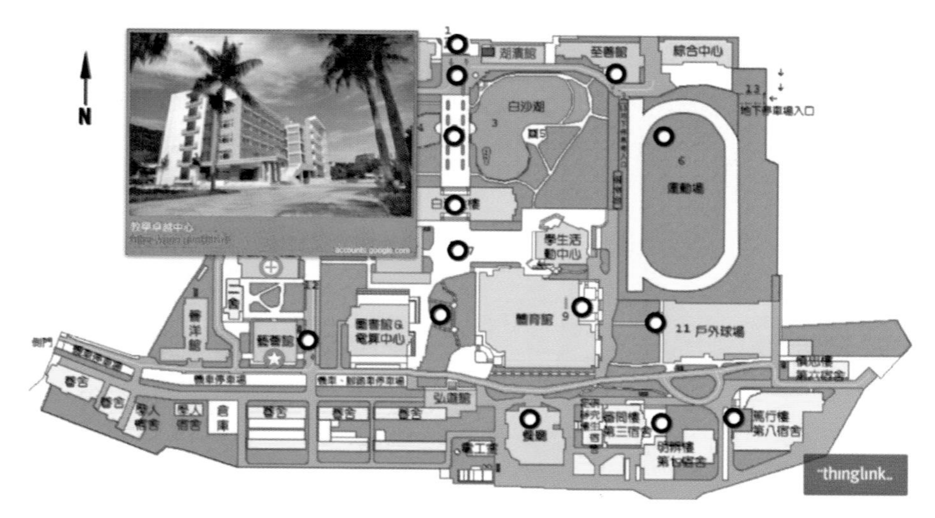

圖一　使用 Thinglinlk 編制的國立彰化師範大學校園導覽圖

（https://bit.ly/2KaKOzR）

為教師提供了可以設計驅動學生學習與互動式教材的功能。可以為不同年齡層的學生提供多感官與身臨其境的體驗，有助於提高學生在學術環境中的參與度、關注度和整體表現，比起傳統的講課或教科書等方法更有效。

Thinglink的圖像主要透過以下兩種方式來達到互動的目的：

1. 虛擬實境VR（Virtual Reality）

虛擬實境 VR 主要是讓使用者能完全融入於一個模擬真實情況的環境中，且能與虛擬場景有互動式的反應。目前虛擬實境 VR 已被廣泛運用在不同領域，但大多數的應用市場較多集中在遊戲產業上。VR 教材的豐富性和體驗性更高，它在教育學習方面的應用十分令人期待。圖像和 VR 同樣是利用視覺刺激，來增強學習熱忱與好奇心及知識的長期記憶。

圖二　360° 環視校園內的攀岩場（https://bit.ly/2Mw698x）

2. 一頁故事（One-page Story）

一張圖勝過千言萬語，看到一張圖並不代表學生能自動的學習，一張好的圖，最主要的目的就是能醒目且重點式的呈現內容，並以文字、顏色等元素搭配，透過圖像可以讓學習者與既有

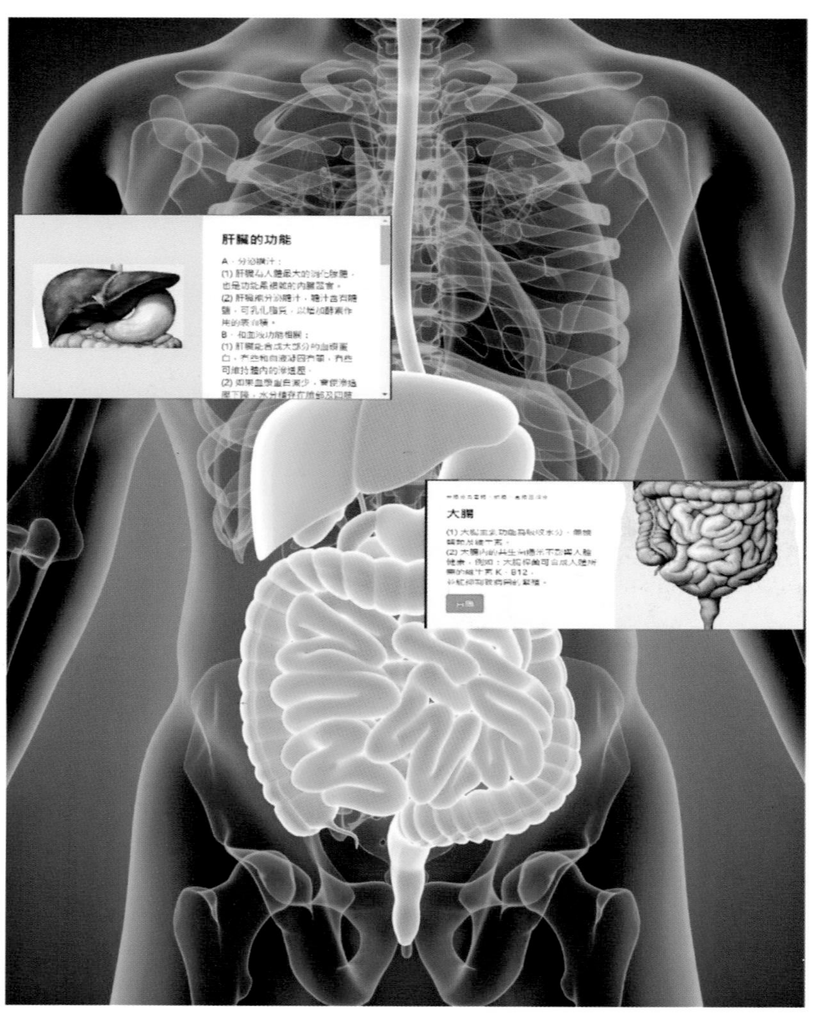

圖三　人體消化系統（https://bit.ly/2KfU6dP）

的認知作連結，在短時間內了解資訊之間的關係，並學習到新知識。

一般的傳統教學方法，主要以口語講述來做單向的知識傳遞。雖然講述教學目前仍是主流，但是搭配一張好的圖，不但可以幫助老師輕鬆的解釋複雜的概念，也能在第一時間吸引學生的注意力及加強記憶，激發學生學習過程中的想像力，對重要的主題或問題也能有自己的想法。

教科書上的圖在傳統的教學中，通常被當作裝飾用的物件，Thinglink 利用視覺媒體的指示物 “tag”，吸引學生的目光與注意力，也透過這個 tag 與學習者的互動，增進興趣與學習動機。

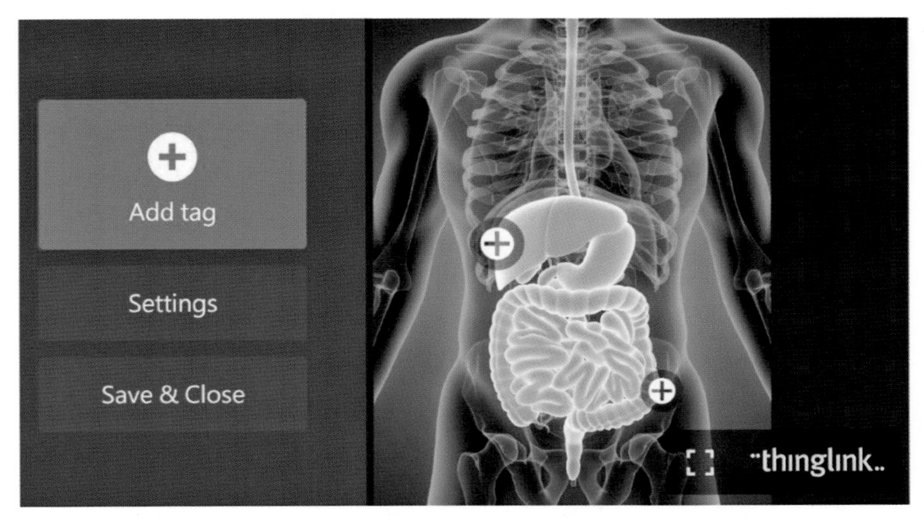

圖四　Thinglink 利用 tag ⊕吸引目光

圖五　360° 彰化師範大學校園導覽 - 白沙大樓前

（https://bit.ly/2MNytU4）

Chapter 2

Let’s start —
預備事項

本書利用 Thinglink 線上軟體（https://www.thinglink.com/）可搭配不同的智慧型手機、平板或電腦等載具，以及以下的軟硬體設備，來做實例操作的說明：

2-1 電腦或平版或手機

任一項可供上網的載具：電腦或 Applie iOS 和 Android 的平版或手機。

桌上型電腦　筆記型電腦　平板電腦　智慧手機

2-2 網際網路

一般可以連上網際網路的 Wireless LAN 無線網路，或是專線、ISDN、ADSL 有線網路等；要用智慧型手機操作 Thinglink 行動應用程式（apps）的話，任何支援 4G/5G 上網系統均可。

2-3　瀏覽器

多系統瀏覽器支援平台都支援 Thinglink 線上操作，如：Google Chrome、Internet Explorer（簡稱 IE）或 Safar（iOS 系統）。

Chrome　　IE　　Safari

2-4　手機 APP 下載

手機操作需先下載 APP（製作內容可以跨裝置編輯和瀏覽），在 Android 系統下的 Play 商店，或者 iOS 系統下的 App Store 均可以下載 Thinglink APP。

Thinglink

2-5 360° 相機（製作 360° 圖像才需要）

市面上有許多相機廠牌都有全景拍照功能，只要是可以拍攝 360° 照片和影片，即可透過 Thinglilnkl 軟體後製，在可讀取 360° 照片的 App 或軟體中觀看。這裡使用的工具為理光的 Ricoh Theta 360° 相機。

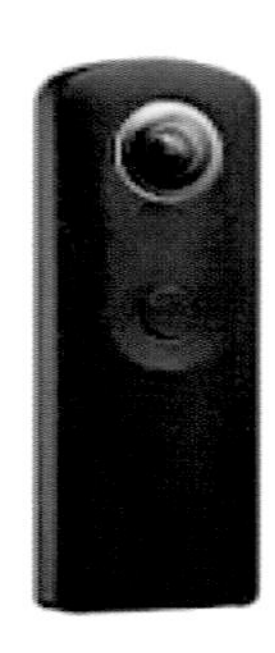

作業

想一想

- 若沒有筆記型電腦或桌上型電腦，就無法使用 Thinglink 嗎？

活動

- 若有 360° 相機，可安排帶領學生戶外取景，拍攝上課編輯會用的 360° 照片。

Chapter 3

操作介面

3-1 進到 https://www.thinglink.com（此為 2019.06.02 截取之主頁面，網站主頁面內容會隨時更新）

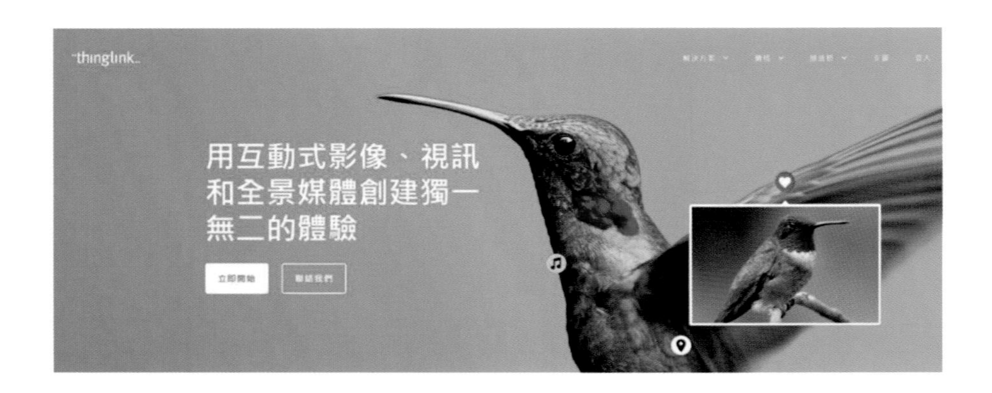

3-2 註冊帳號

第一次使用 Thinglink 者，需要註冊一個全新的帳號，我們將逐一解釋註冊流程以及各個步驟的重要性。（截圖以 Android 電腦為範例）

1. 請選擇主頁面右上方的**登入**（Log In）進行註冊。
2. 進入登入畫面後，請選擇底部 Sign up for free. 。

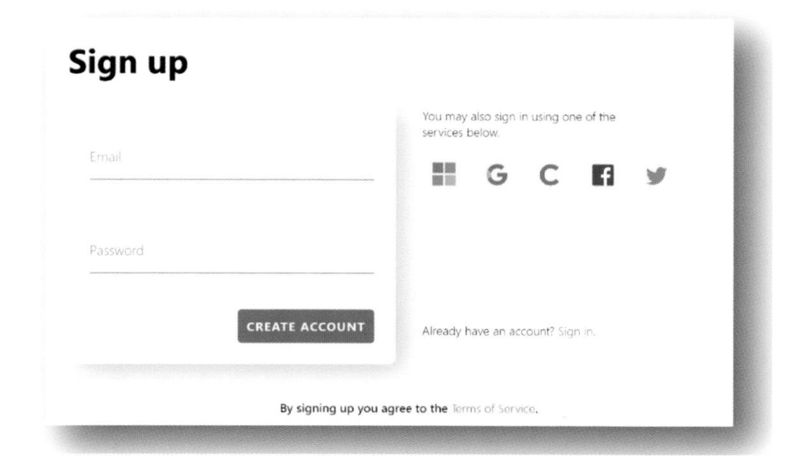

3. 註冊以 Email 作為帳號。
4. 也可以用現有的 Google、Facebook 或 Twitter 帳號直接

啟用。

5. 想要使用教育版帳號的老師和學生，第一次註冊時請勿使用現有的帳號。教育版鎖定學校等教育機構，許多 Thinglink 的編輯功能，基本上是需要付費才能使用，使用教育版帳號可以讓老師及學生擁有 Premium 用戶的權限。教師的教育版，還允許老師在自己的的帳號下建立班級和群組，也可以管理學生的作品。
6. 設定好帳號和密碼之後，要選擇帳戶類別：商業帳戶（Editorial & Marketing）、學校帳戶（Classroom Learning）或出版社（E-learning & Corporate training）。

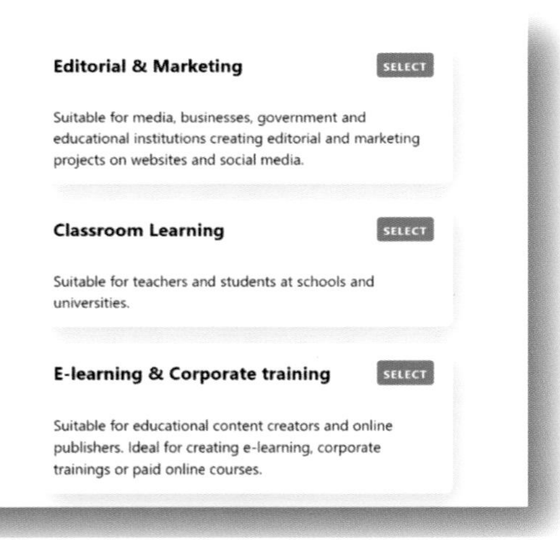

7. 選擇學校帳戶的人，除了登錄姓名之外，還需要填寫你的身分（老師或學生）及出生日期等詳細資訊，以利幫助定義帳戶類別。

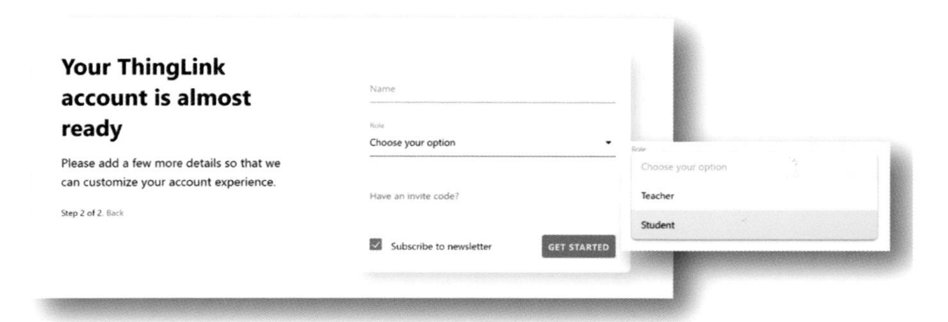

8. 學生還要填課程的邀請碼（Invite code）

9. 最後記得按 GET STARTED

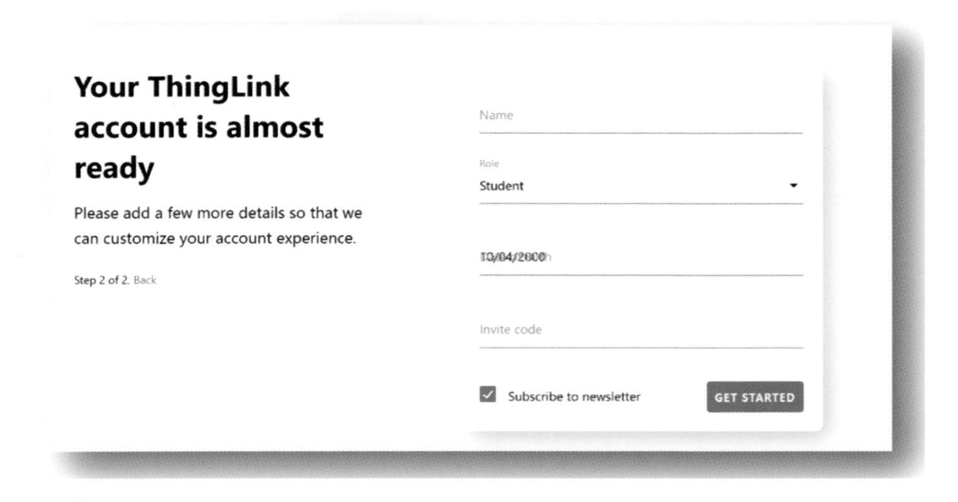

3-3　登入

將已註冊的帳號和密碼鍵入後按 LOG IN 登入，也可以用現有的 Google、Facebook 或 Twitter 帳號直接啟用。

3-4 首頁的使用者介面與功能介紹

當第一次啟動 Thinglink 時，顯示的首頁歡迎畫面，其中包含下列內容：

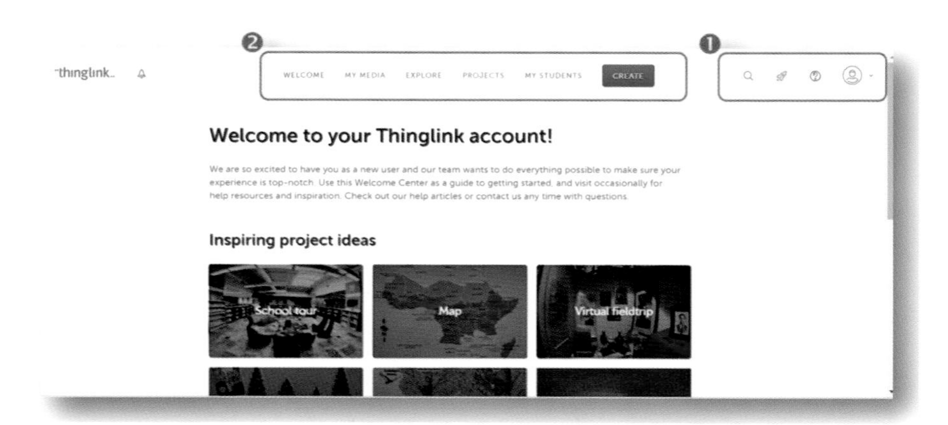

1. 使用者帳戶專區：包括 探索搜尋、 Upgrade 帳戶升級、 Help 說明、 使用者帳戶資料

2. 首頁瀏覽工具列：包括首頁歡迎（Welcome）、我的媒體（My Media）、探索（Explore）、專案計畫（Project）、我的學生（My Students）、建立 CREATE 。

 此區塊項目，會因帳戶類別不同而不同。截圖以「學校老師帳戶」為範例，因此工具列多了專案計畫（Project）和我的學生（My Students）。

如果已經有建立過作品，登錄 Thinglink 後主畫面顯示的是 My Media 的畫面，除了以上兩個工具列之外，還包括：

3. 媒體庫工具列：自己透過 Thinglink 創建的作品，會依照作品類別〔All（所有的圖）、Images（影像）、Vedios（動態影像）、360°/VR（360° 全景圖）〕，或是依照自己設立的群組 Channels（教學對象、專案計畫或班級）來做媒體庫管理。

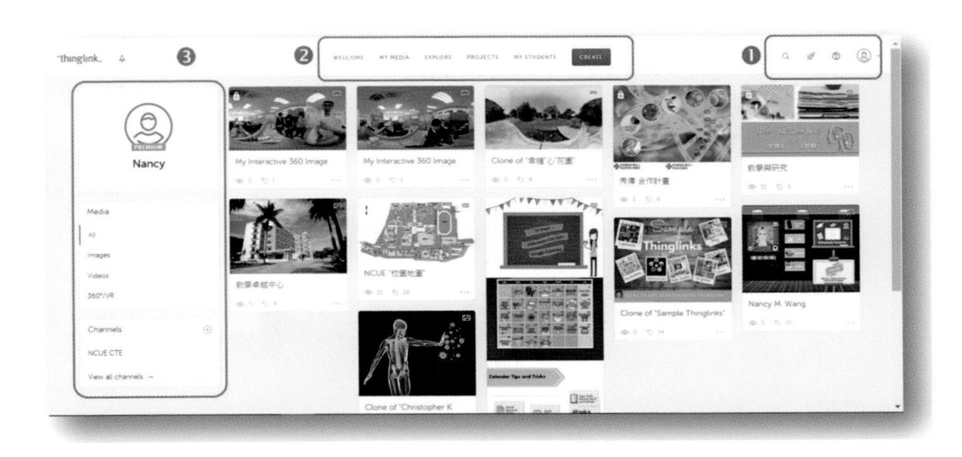

Chapter 4

使用者帳戶專區說明

4-1 探索搜尋

用關鍵字在 Explore 資料庫中搜尋（另外章節說明「探索」），按下 之後會出現關鍵字搜尋工具：

輸入欲搜尋的關鍵字，例如 dogs，就會出現所有與 dogs 有關的作品。

4-2 Upgrade 帳戶升級

可將免費帳號升級至付費帳號，編輯權限可以增加（建議可以找臺灣代理商洽詢此項功能）。

4-3 Help 說明

若有操作使用上的問題，可以搜尋說明文件影片，參考其說明。

文章和信息。

下面的頁面顯示了許多可以瀏覽的主題和文章。要查看特定主題中的更多項目，只需單擊主題標題即可。

入門

- 歡迎來到Thinglink支持中心
- 商業博客
- 教育博客

教育常見問題

- 學生缺少特色/未出現在...
- 邀請代碼與優惠券代碼
- 學生密碼重置/忘記密碼
- 教師失去集團管理權

查看所有8篇文章

圖像創作

- 正在上傳圖片
- 標記圖像
- 通過移動應用程序標記圖像
- 富媒體標籤

查看所有9篇文章

視頻創作

- 正在上傳視頻
- 標記視頻
- 在視頻中嵌入視頻
- 在標記中嵌入地圖

查看所有6篇文章

瀏覽器360 / VR

- 功能和規格
- 正在上傳360張圖片
- 標記360圖像
- 在VR中查看360內容

查看所有9篇文章

內容共享

- 圖像共享
- 視頻分享
- 分享360
- 渠道共享

查看所有17篇文章

選擇一個話題：

從以下主題中選擇一個來瀏覽其他文章

- 入門
- 教育常見問題
- 圖像創作
- 視頻創作
- 瀏覽器360 / VR
- 內容共享
- 社區特色
- 定制
- 高級選項
- 移動功能
- 學生管理
- 課堂小組
- 項目
- 通道
- 學校和學區賬戶
- 其他教育
- 付款
- 如何博客帖子
- 帳戶詳細資料
- 開發者資源
- Teleport 360編輯器
- 商業

4-4 使用者帳戶資料

按下右側單箭頭，有許多個人帳號的管理介面包括設置帳戶、更改個人信息、管理圖片、圖像使用的統計數據等。

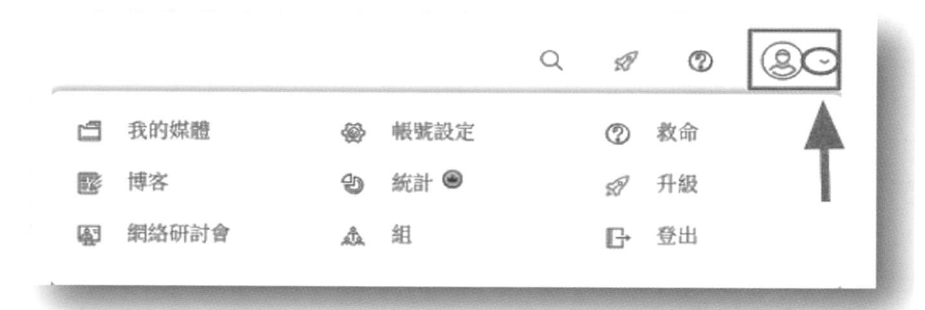
我的媒體
帳號設定
救命
博客
統計
升級
網絡研討會
組
登出

Chapter 5

首頁瀏覽工具列說明

5-1 歡迎（Welcome）

首頁瀏覽頁下會有幾個不錯的範例，以及基本操作的影片說明和文件說明。

MY MEDIA EXPLORE PROJECTS MY STUDENTS CREATE

Welcome to your Thinglink account!

We are so excited to have you as a new user and our team wants to do everything possible to make sure your experience is top-notch. Use this Welcome Center as a guide to getting started, and visit occasionally for help resources and inspiration. Check out our help articles or contact us any time with questions.

Inspiring project ideas

Live support

Watch a welcome webinar

How to videos

Tour of EDU Account
Creating images
Creating videos
Product demo
Creating 360° images
More help articles

5-2　我的媒體（My Media）

個人帳戶下的作品媒體庫。

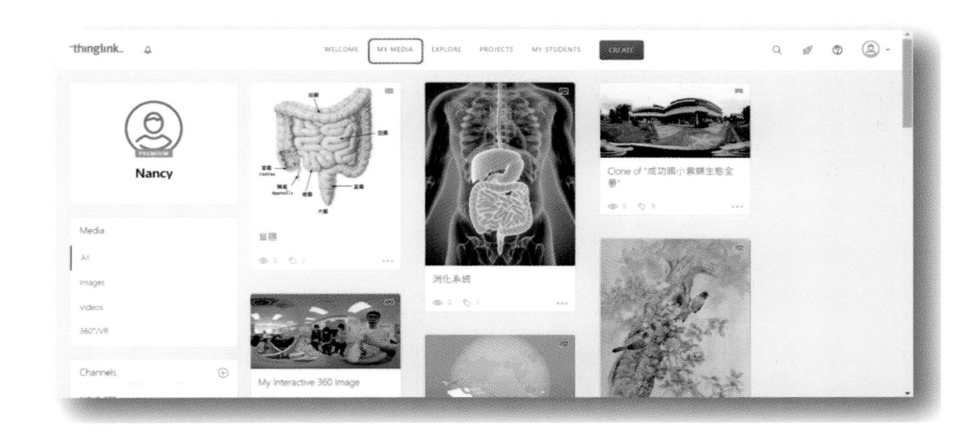

5-3　探索（Explore）

Thinglink 團隊管理建立的全球作品資料庫平台，在這個平台可以搜尋到所有使用者們願意公開（Public）的作品，作者也可以選擇作品不公開（Unlisted）。

在每個作品的右上角，您會看到一個 圖示，代表是一個 Thinglink 360 圖像和視頻；若右上角顯示 ，代表是一個圖片圖標。按下右邊工具列的 之後會出現關鍵字搜尋工具：

輸入欲搜尋的關鍵字，來探索相關的作品。

選取檔案後，圖像的右上角的 SHARE 允許你分享到其他的 social media 或是網頁。

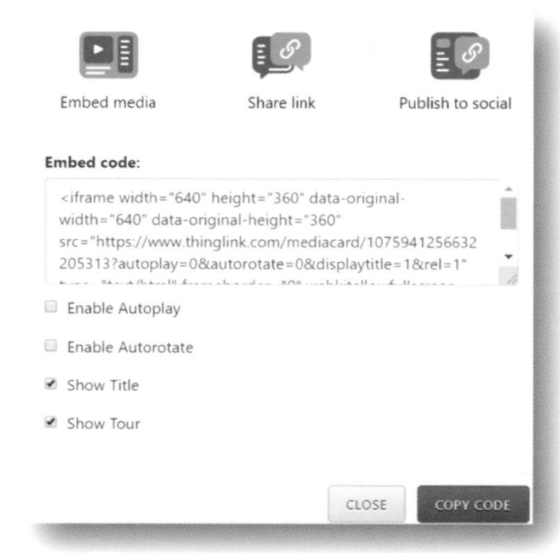

SHARE 旁邊有 3 個點的圖示 ••• ，主要有「Clone」複製檔案的功能，允許您將其他人的圖像複製到您自己的帳戶中。按下 ⩒ Clone，複製媒體的圖框會出現，請選擇開始編輯（Start Editing），即可進入編輯畫面，該檔即成為您的檔案，圖檔會存在 My Media。這可用於收集個人喜歡的圖像，可以當作模板製作成自己的版本，或者用於教師與學生共享項目。

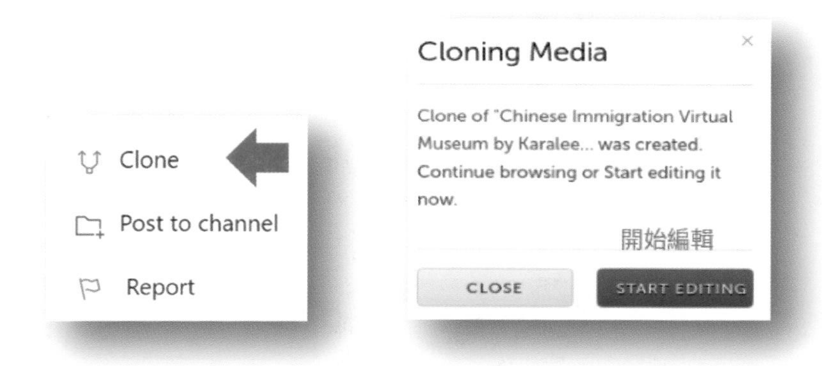

5-4 專案計畫（Project）

學校老師帳戶及學校學生帳戶都有這功能（商業帳戶沒有這項目），Projects 是一項付費功能，允許教師為學生創建和分配項目。教師可以上傳背景材料、提供背景、分配給特定的學生群體，並在教室以外的地方，輕鬆查看學生的工作。

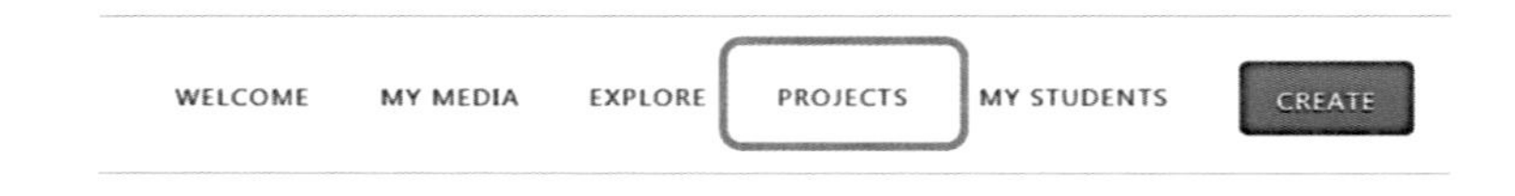

5-5 我的學生（My Students）

學校老師帳戶才有此項目，邀請加入的學生。

5-6 我的同事（My Users）

商業帳戶才有這項目，是個需要付費才有的功能，主要是允許與同事共同協作。

5-7 建立（Creat）

建立以一般圖片、一般影片、360 度照片或 360 度影片為背景的 Thinglink 作品。

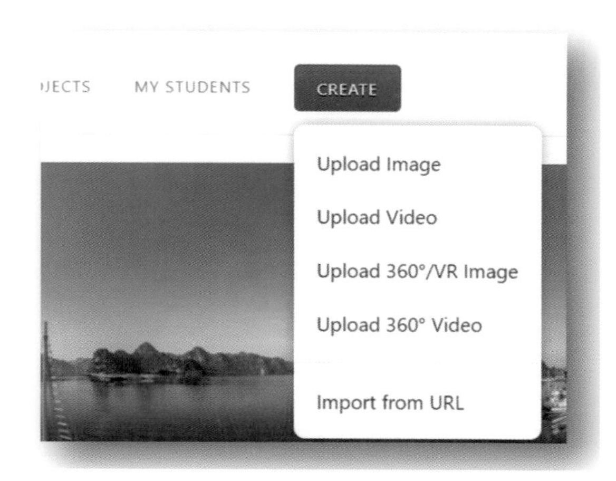

按下 Create，選擇一張圖片或是影片，隨即進入編輯畫面。

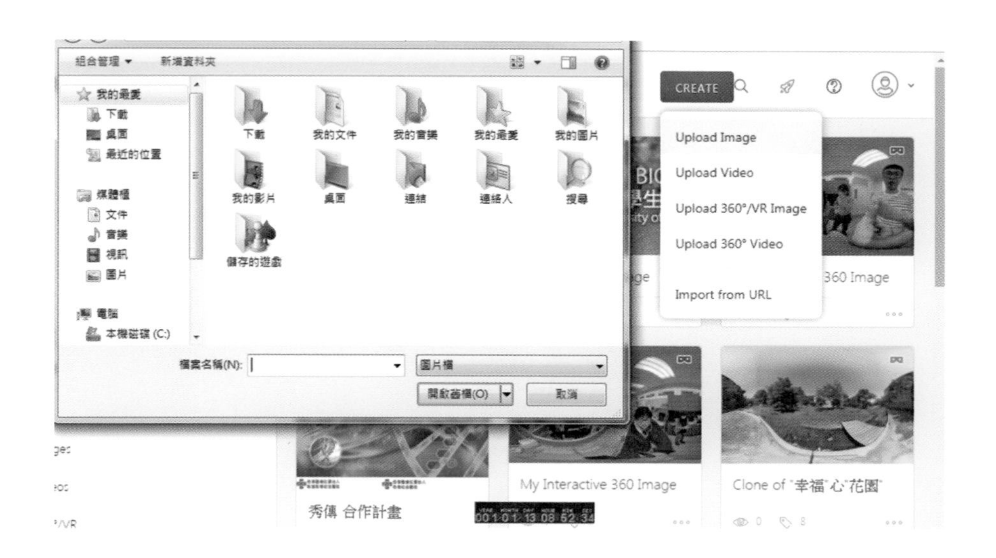

作業

想一想

- 使用者帳號登入後，可以在哪裡找到 Thinglink 提供的範例和 360° 圖庫？

  (a)「頁首瀏覽列」中，點選進入 Welcome（歡迎）和 Explore（探索）

  (b) 在畫面右上方的「使用者帳戶專區」選項中

想一想

- 建立 Thinglink 作品時，背景限定只能是 360° 照片？

想一想

- 使用者若使用上有疑問，可以由下列哪一個區塊中尋求答案？

  (a)「使用者帳戶專區」中的 ? Help（說明）

  (b)「媒體庫」

活動

- 請用 Tree（樹木）作為關鍵字在探索中搜尋！選擇一個作品，選擇 Clone 複製，並進行編輯，修改檔名。

Chapter 6

編輯介面

VR 模式必須是背景 360° 照片或影片，因考慮 VR/360° 編輯內容資料多樣化，及媒體操作的方便性，建議以筆電或桌機螢幕配合鍵盤和滑鼠進行編輯。Thinglink 有內建的 360° 圖片資料庫，帳號登入後，畫面上方選擇「Welcome 歡迎」，Welcome 下方有「360° Library 圖書館」，點入 360° 圖書館即可搜尋。從圖庫中，點選一個 360° 圖片，在圖片右上方，選取 Clone 複製。

也可以使用 360° 相機，本書中圖片以 Ricoh Theta 360° 相機為例做說明。Ricoh Theta 360° 相機可以連接到智慧型手機，智慧型手機要先下載 Theta 的 App，開啟後在智慧型手機的 Wi-Fi 設定中選擇相機的 SSID，點選顯示拍攝畫面，就可以利用智慧型手機應用程式拍攝影像。

6-1　360°/VR 編輯介面

選擇圖片上傳後，或是 Clone 線上公開的影像，會直接進入編輯畫面。

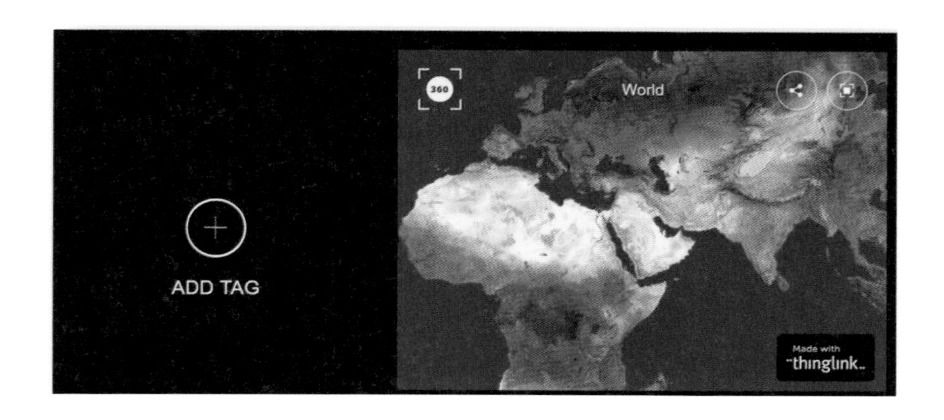

Step 1 先在畫面找到要註解的地方，按下左邊的⊕ ADD TAG，進入 Thinglink 的編輯模板，點按 i 可以選擇 icon 的樣式，也可以用 UPLOAD IMAGE 上傳相關的圖片（會取代 icon 的圖示），或錄音檔（UPLOAD AUDIO）。點按 VIDEO 可以上傳相關的影音檔，檔案大小不能超過 25MB，大約是 1 分鐘的影片。

Step 2 按下 CUSTOM 可以用 Thinglink 的編輯模板，客製化資料呈現的格式，點按 SET CUSTOM TAG 後，選按 LAYOUT，就可以看到不同的編輯模板。選定編輯格式後要記得選擇版面大小（S, M, L 選一個），接下來到左上角按下 CONTENT 開始編輯。

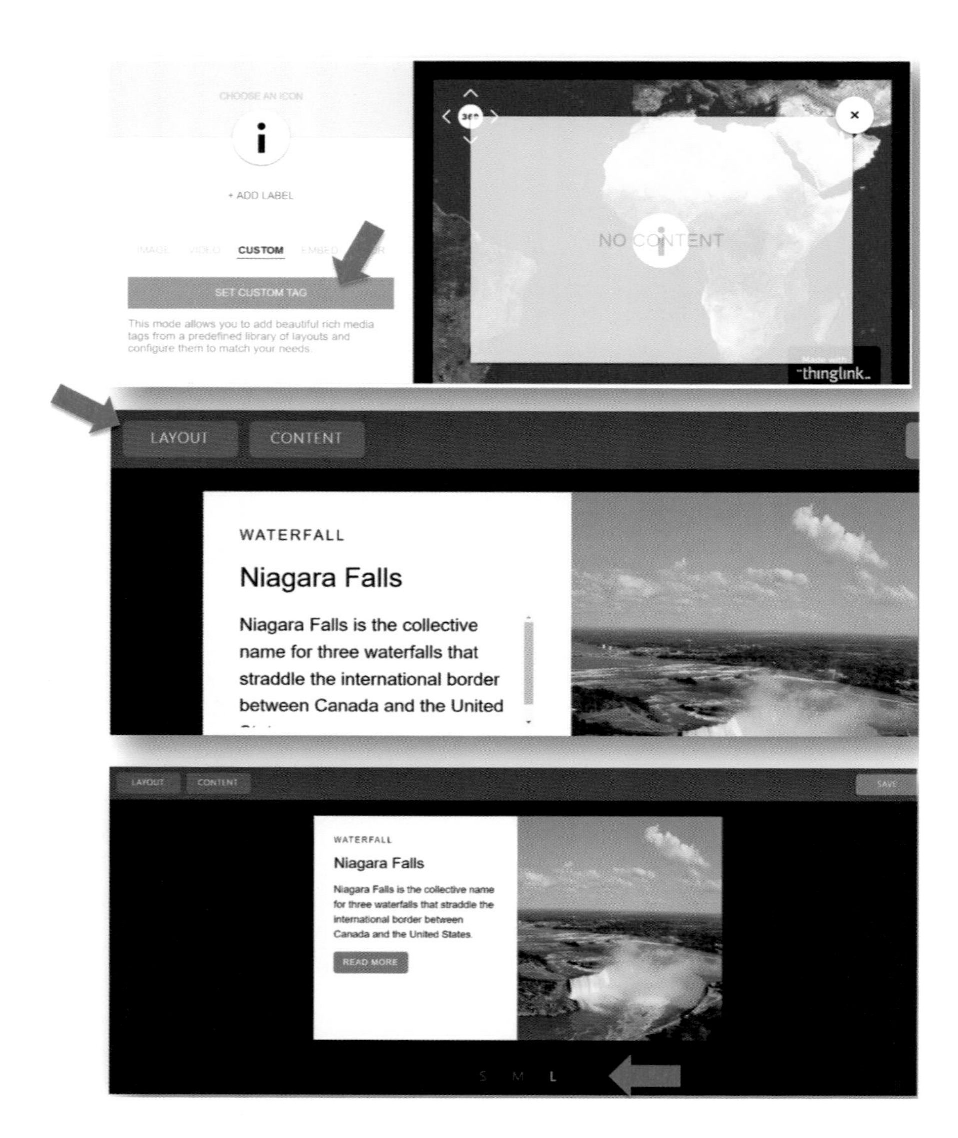

Step 3 CONTENT 的介面需要替這 Tag 給個 Title（主題，或 Subtitle 副標題）以及文字敘述（Text），如果有相關的網頁資訊，在 Link 下面貼上網址，網址的連結是由觸按 Button 啟動超連結（按鈕上的字請寫在 Button text 下面），相關的圖可以到 Image 範例圖下方，點按 Replace 後上傳其他圖片。最後記得要按下右上角的儲存鍵（SAVE）。

如果不需要做其他的註釋或編輯，當回到主畫面時，要在頁面右下角按一下的儲存鍵並離開（SAVE & EXIT）。

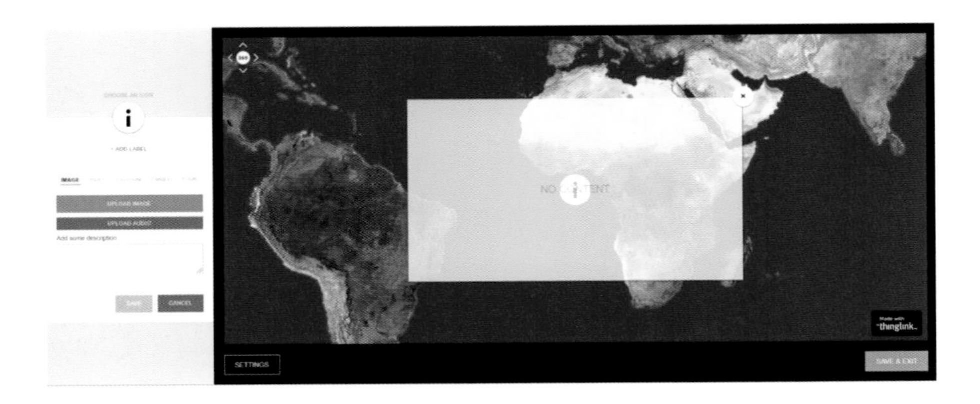

Step 4 如果要連結外部應用程序或交互式內容，例如 Youtube、Vimeo、Google Maps 等，可以在回到主畫面時點按 EMBED，再將外部應用程序提供的嵌入代碼貼上，然後按下儲存鍵（SAVE）。

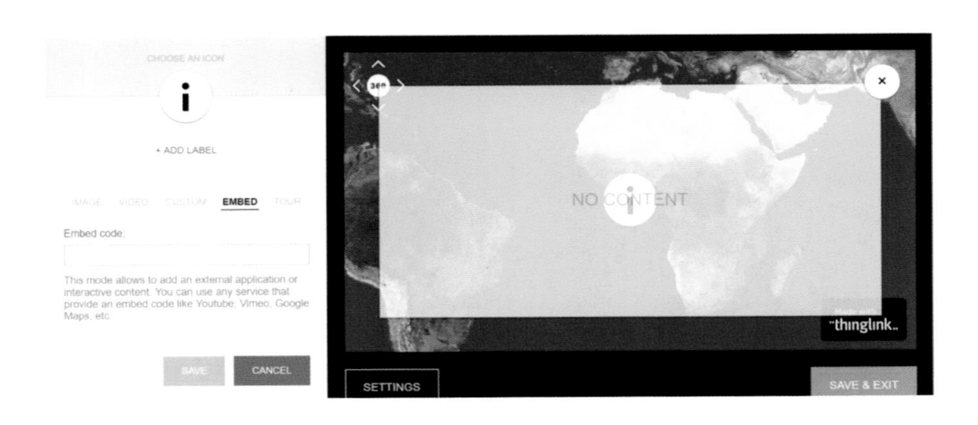

Step 5 如果切換到其他的場景或另一張 360°/VR 的圖，可以在 TOUR 裡貼上下一張場景或圖像的 URL，再按下儲存鍵（SAVE）離開。

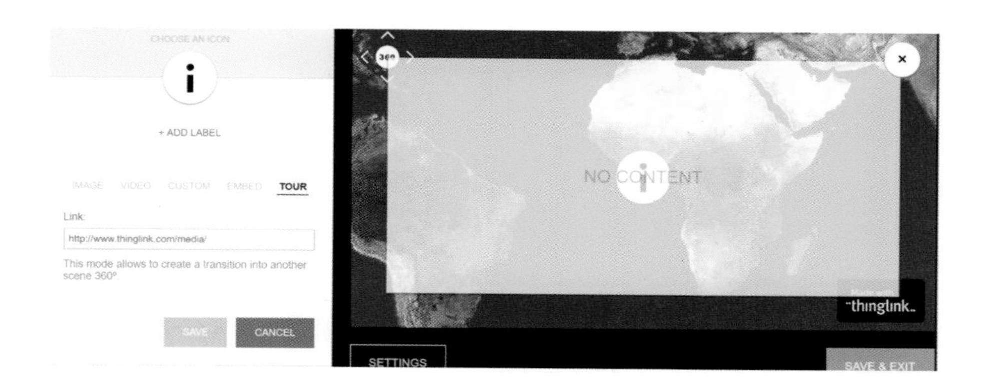

6-2　一頁說故事的編輯

非360°/VR的圖片編輯，因此要選擇想要上傳的圖檔（UPLOAD IMAGE），或是Clone線上有標示的公開的影像。編輯主畫面有三個選項：Add tag, Settings, 和 Save & Close。

Step 1 先在畫面找到要註解的地方，按下左邊的⊕ Add Tag，可以從 Thinglink 的編輯模板點選一個適合的版面，接著會直接進入編輯區，這裡可以有以下編輯功能：①選擇 icon 的樣式，也可以自行上傳圖標，但僅限 SVG 檔案；②這個 Tag 的 Title（主題，或 Subtitle 副標題）；③文字敘述（Text）；④在 Link 下面貼上相關的網頁資訊的網址，網址的連結是由觸按 Button 啟動超連結（按鈕上的字請寫在 Button text 下面）；⑤按下➕可以上傳相關的圖片；⑥可以在 Upload audio 上傳錄音檔。

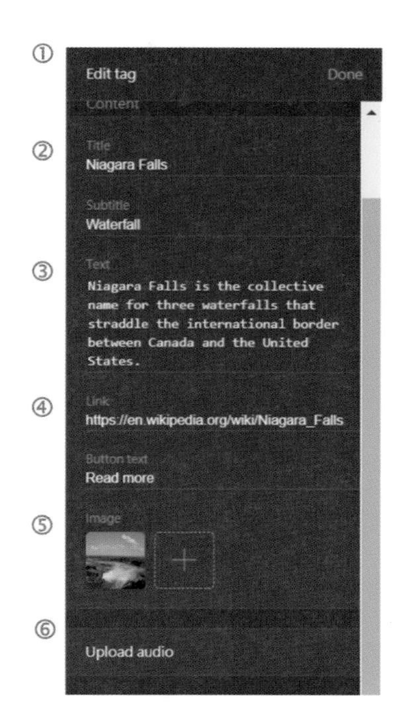

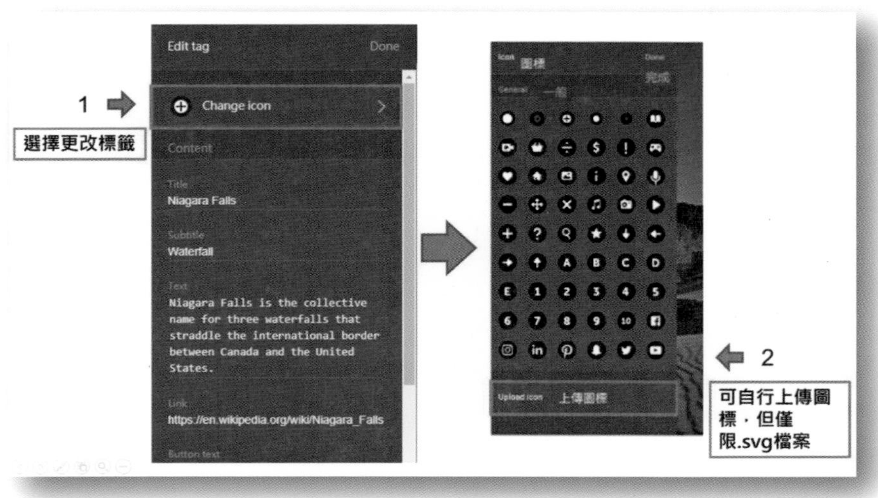

Step 2 如果切換到其他的場景或另一張 360°/VR 的圖，可以在 TOUR 裡貼上下一張場景或圖像的 URL，再按下

儲存鍵（SAVE）離開。

結束編輯時，要按一下右上角的完成鍵（Done），才可以離開編輯頁面回到主畫面。

Step 3 新增 Tag 標籤後，可以先到 Setting 使用 “Color scheme” 按鈕更改標籤中使用的顏色。從預設顏色組合中選擇或輸入您自己的顏色。您還可以在此處找到從圖像中刪除 ThingLink 徽標的選項。

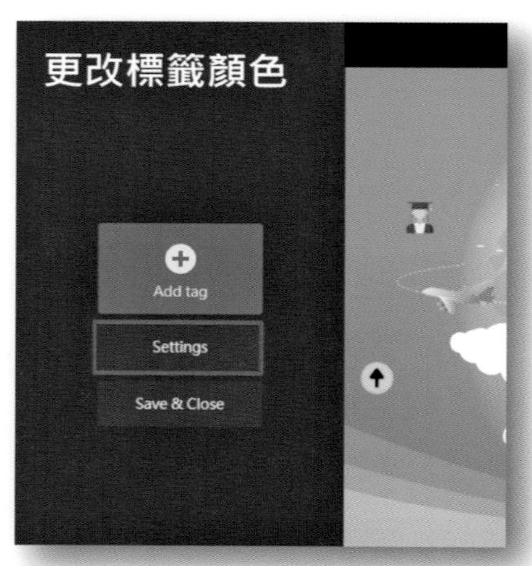

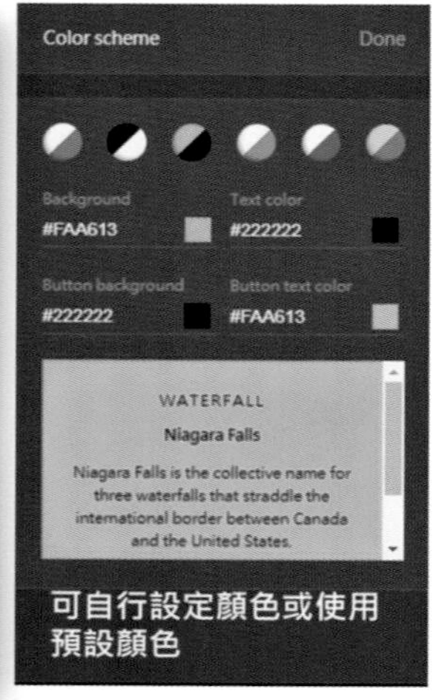

Step 4 完成所有編輯後，到主畫面做檔案儲存與關閉（Save & Close）的動作。

Step 5 儲存完檔案後，別忘了到主畫面右上方 Settings 做檔案名稱的修改（Image Title），如果作品要允許公開在 Google 或 ThingLink 的搜索中找到，請在 Privacy Settings 下的選項點按 Public（公開模式），不公開的圖像（Unlisted）只能在嵌入的位置（embedded）找到，或者使用圖像確切的 ThingLink URL。它們不會出現在個人資料，也無法從搜索或多媒體串流系統中出現。選擇 My Organization 的作品，允許同一機構的使用者，在登錄系統後可以搜尋到這張圖。

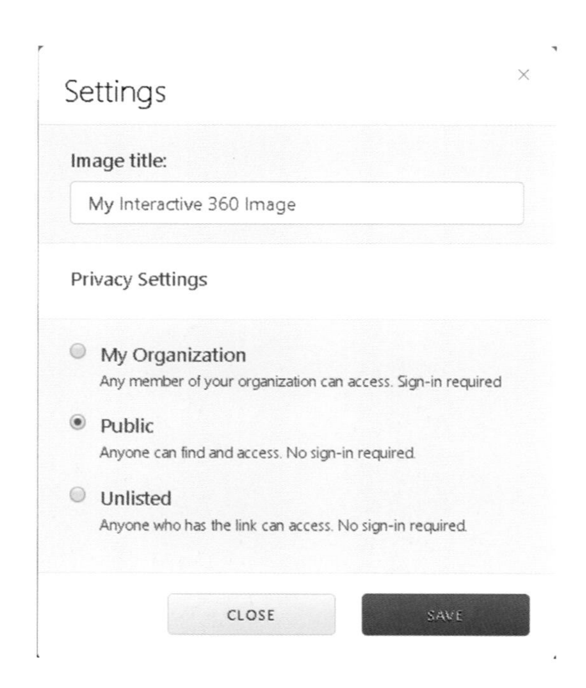

作業

範例 1

- 臺北科技大學附近景觀（by Vera）：

  https://www.thinglink.com/video/1005807517776740354

範例 2

- Google @ NY (by Vera)
  https://www.thinglink.com/video/1049677477082824706

範例 3

- Chinese Immigration Virtual Museum (by Karalee Nakatsuka)
  https://www.thinglink.com/video/933947167515607041

範例 4

- 人體 Human Body (by Michelle Ecksteinby)：
  https://www.thinglink.com/video/998320433889542145

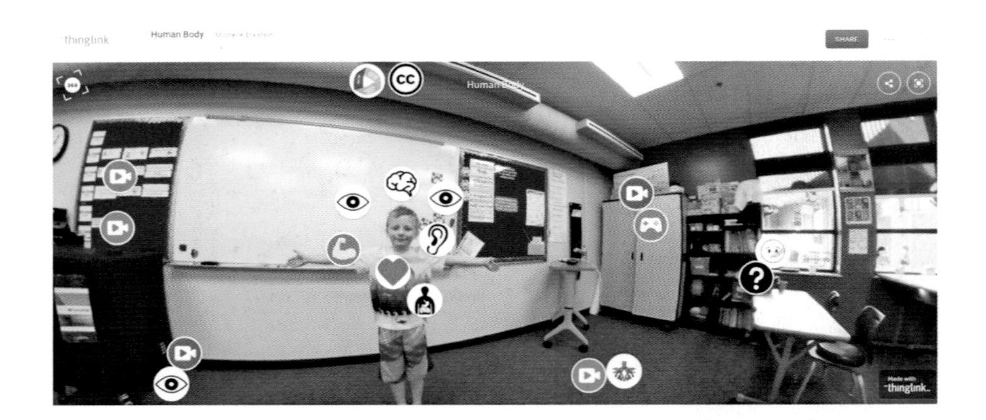

活動

- 請取用 Thinglink 360° 圖庫中的圖，以該圖為背景，並對該圖顯示的地區或國家做 3 個標籤說明。

Chapter 7

一頁說故事（手機操作版）

Thinglink 作品主要是「一頁式的說明」，意即為將所有註解置於一頁上，這是一個快速，簡單的概述，也是一種易於分享的方式，此篇以手機 APP 操作為主，介紹一頁式的說明。

7-1 手機編輯步驟

Step 1 在手機的 Google Play Store/Apple App Store 搜尋 Thinglink App，找到後下載並安裝。開啟後先做手機 APP 註冊帳號，可以使用 Email、Facebook 帳號 或 Gmail 進行註冊，如果是學生的帳戶，註冊過程中記得要填課程邀請碼。

Step 2　進入主畫面後，左上角有 ≡ ，是使用者帳戶資料的管理區，主要是管理／察看自己的圖庫與各種不同的 Channel（頻道）或 Groups（群組）的作品。點選右上方的 +，就可以開始建立新檔案。

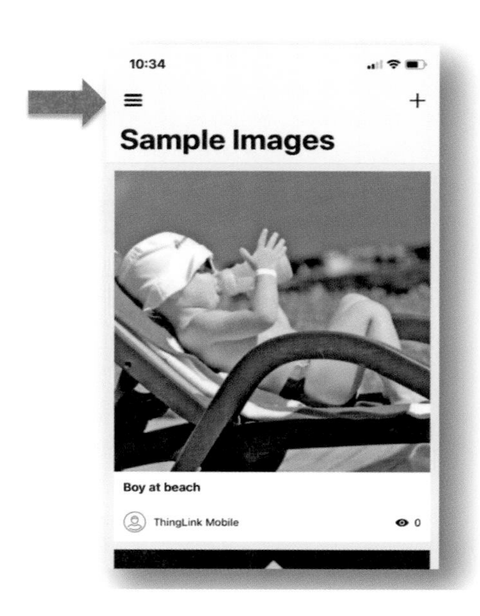

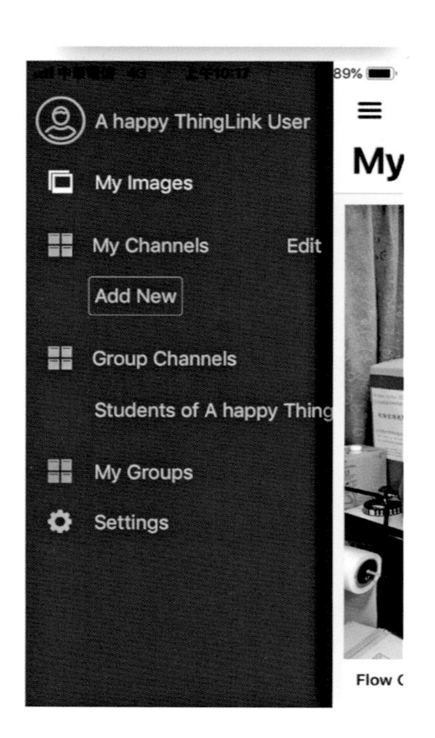
89%
A happy ThingLink User
My Images
My Channels
Edit
Add New
Group Channels
Students of A happy Thing
My Groups
Settings
My
Flow

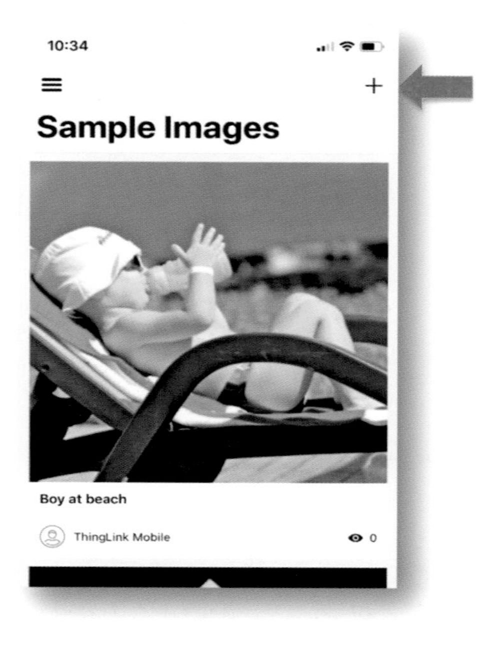
10:34
Sample Images
Boy at beach
ThingLink Mobile
0

螢幕下方出現可以選擇圖像的來源方框，選擇由 Photo Library（本裝置相簿）或 Take Photo（拍照）得到背景圖片。

Step 3 (1)選擇 Photo Library（手機裡的相簿）：從圖片相簿中選擇一張照片上傳後，將自動轉移到圖像編輯器。

(2)選擇 Take Photo（拍照）：進行即時拍照，拍照後，螢幕下方會出現 Retake（再拍一次）和 Use Photo（使用此照片）供選擇。

Step 4 進入圖像編輯器，第一個標籤 Tag 已自動出現在圖片上，標籤下可以為這張圖像增記標題（Caption）或語音訊息 ，完成後按一下 。

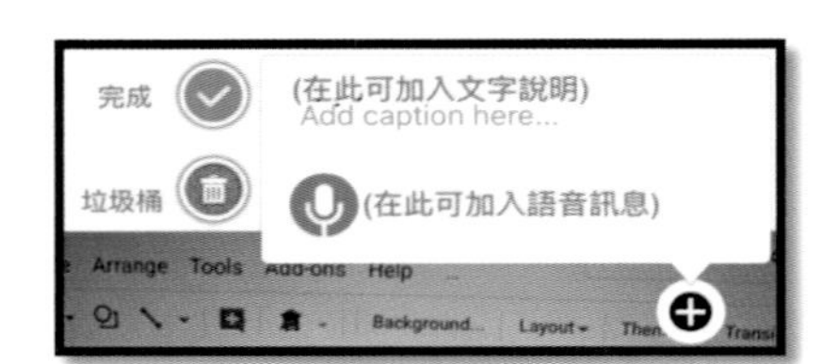

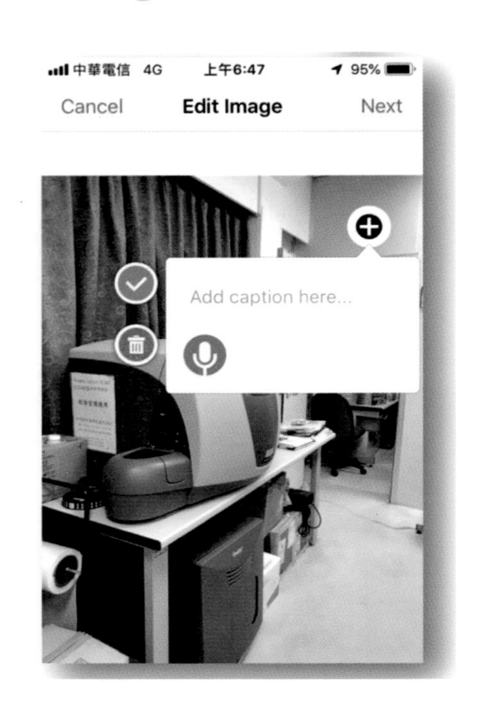

Step 5 待標籤增加完成，可按畫面右上方的 Next（下一步）進入儲存檔案頁面，在畫面下方先給檔案名稱（Add Title），檔案名稱下面有多種分享方式供選擇：簡訊、Email 和 Twitter。畫面底下，也要選擇是否要讓這個檔案公開顯示在 Thinglink 的 Explore 圖庫中。

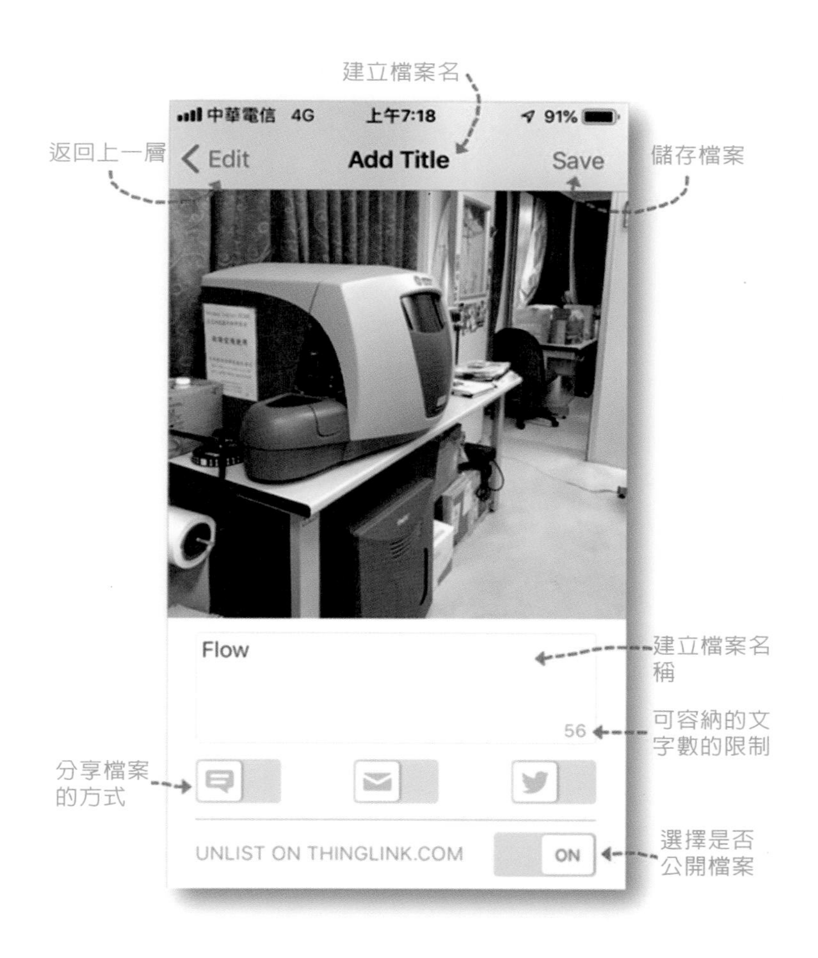

完成後可點選畫面右上方的 Save 儲存。此時，畫面圖片右下方出現小藍圖（白色圈圈顯示檔案進行上傳中），當小藍圖轉變為綠色圖示時，表示檔案上傳完成（綠色圖示會自動消失），此檔案就存於 My Media（我的媒體庫）。

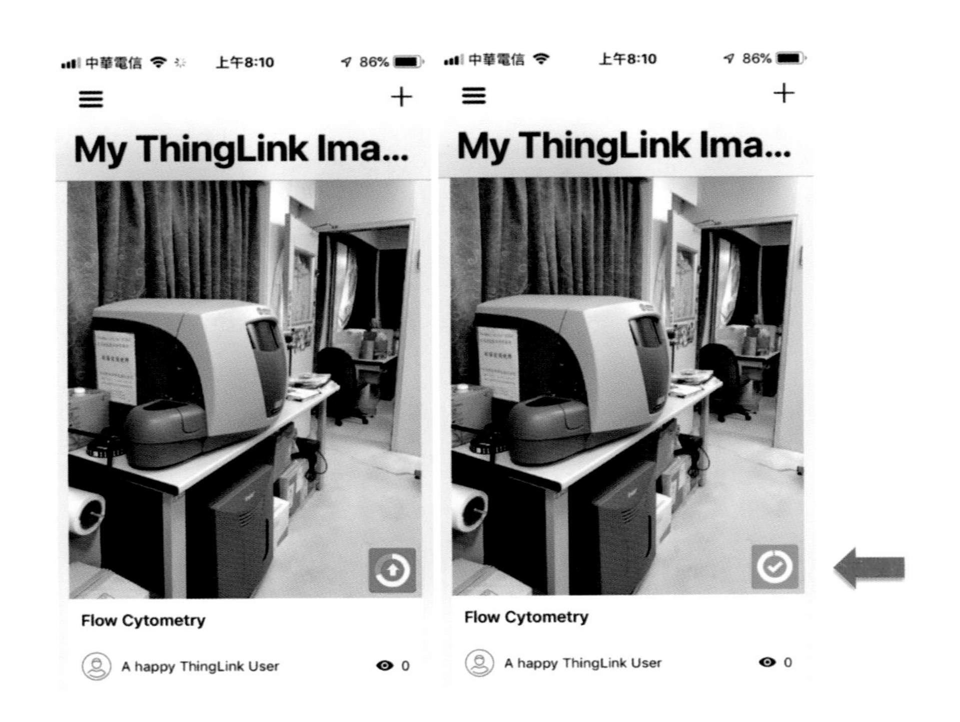

Step 6 在 Edit Image 畫面，可新增 Tag 標記或編輯有的標記資料。

(1)新增 Tag 標記：利用點擊圖像上的任意位置，可添加另一個標記。每一個標籤可以有下列內容型態：

- Add Text or Link：加入文字內容或網址連結。
- Choose from Gallery：從所在手機相簿中選取圖片。
- Take Photo：即時拍照。
- Take Video：即時錄影，允許拍攝 30 秒的 video 視頻。
- Record Audio：即時錄音。

◆也可以選擇 Cancel 取消（不作任何變更）。

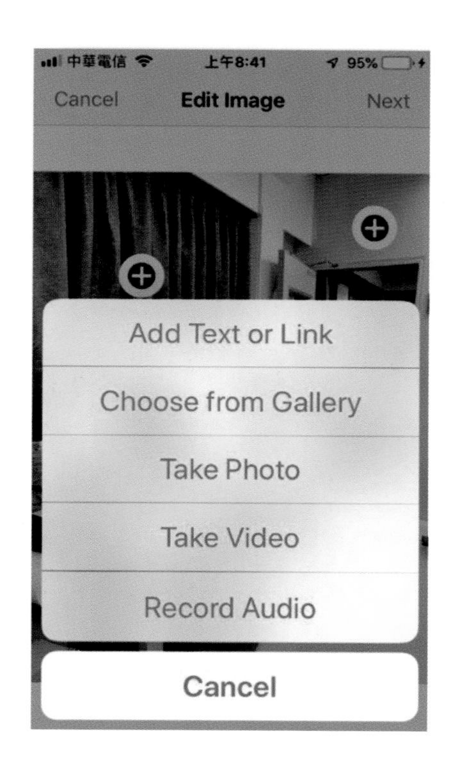

增添資料後在打勾處選擇確定，若是圖、錄音或影片檔，則需在下面加註說明文字（Caption）；點選畫面左邊的筆，即可再進行編輯。如果要同時添加文本和媒體，請先添加媒體，然後點擊藍色鉛筆圖標以添加標題。

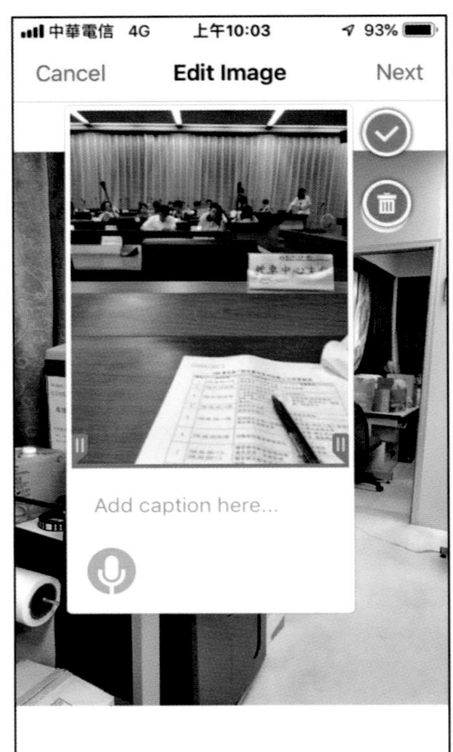

(2)編輯／更新現有的標記資料：點選要編輯的圖片後，點選畫面右上方的 Edit（編輯）。再按一下現有的標記，可以更新或修改內容。

Step 7 編輯／更新完之後，按畫面右上方的 Next（下一步）進入儲存檔案。在瀏覽的頁面下方，除了有紀錄瀏覽的次數之外，右邊還有三個點 ••• ，點選後畫面下方會出現：Add to Projects（加到某個專案），Share（分享），Delete（刪除）和 Cancel（取消）。

中華電信 4G 上午10:04 91%
Cancel
Flow Cytometry
Edit
A happy ThingLin...
0

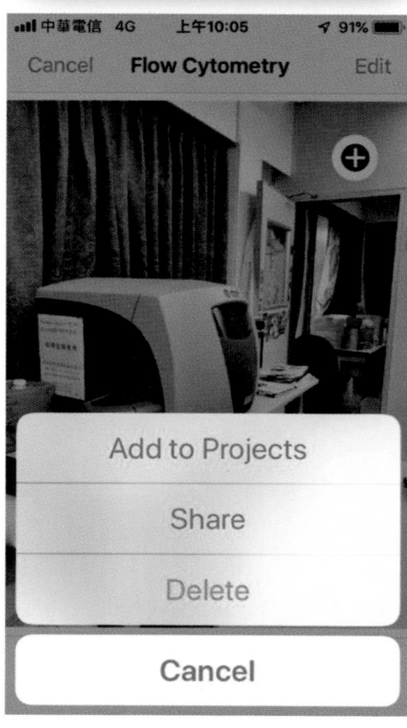
中華電信 4G 上午10:05 91%
Cancel
Flow Cytometry
Edit
Add to Projects
Share
Delete
Cancel

如果作品是教師為學生課堂上設定的作業／專題，可點按 Add to Projects 將成果放到作業／專題專區

Share（分享）可以選擇不同的方式來分享該檔案，如：AirDrop、Line、手機的檔案夾、Gmail 等。

作業

範例

- 操作影片：https://youtu.be/1FfN1w8jHZA
- 實例連結：https://bit.ly/2H8cjby

活動

- 請使用手持裝置中的 Thinglink App 即時拍攝您所在位置的環境，並加上標籤說明當下的人事物。請以即時錄音，即時錄影，並加上照片，文字，網址連結，豐富說明內容。

附錄

自然與生活科技領域教學活動設計

一、單元名稱：細胞與生物體

二、課程內容：細胞的構造

三、年　　級：國中一年級

四、科　　目：自然與生活科技上冊

五、授課時數：三小時（含討論與測驗）

六、教學目標：

☆ 認知領域

1. 了解細胞的基本構造。
2. 理解細胞膜的構造及特性。
3. 了解細胞質中各種胞器的功能及相關性。
4. 了解原核生物的構造。
5. 了解真核生物的構造。
6. 能夠區分出真核生物與原核生物的異同點。
7. 能夠區分出動、植物細胞的異同點。

☆ 情意領域

1. 學生上課時認真聽講，專心學習，能了解生物科學的基本知識，注意傾聽老師與同學的對話，主動觀察並提出問題和看法。
2. 學生能和同學有良好的互動與溝通，在課堂上分組討論，區分出真核生物與原核生物的異同點。

☆ 技能領域

1. 學生能夠能應用細胞膜的特性並具有主動發覺問題的

能力。

2. 學生能利用顯微鏡觀察活細胞在不同濃度溶液的變化情形。

☆ 能力指標

1-4-1-1　能由不同的角度或方法做觀察。

1-4-5-2　由圖表、報告中解讀資料，了解資料具有的內涵性質。

2-4-2-1　探討植物各部位的生理，動物各部位的生理功能，以及各部位如何協調成為一個生命有機體。

2-4-2-2　由植物生理、動物生理以及生殖、遺傳與基因，了解生命體的共同性及生物的多樣性。

3-4-0-1　體會「科學」是經由探究、驗證獲得的知識。

4-4-1-2　了解技術與科學的關係。

5-4-1-2　養成求真求實的處事態度，不偏頗採證，持平審視爭議。

6-4-2-2　依現有理論，運用演繹推理，推斷應發生的事。

7-4-0-1　察覺每日生活活動中運用到許多相關的科學概念。

七、主要概念：

1. 細胞的基本構造。

2. 細胞質中各種胞器的功能及相關性。

3. 真核生物與原核生物的異同點。

4. 動、植物細胞的異同點。

八、內容概要：

1. 細胞的基本構造圖。
2. 介紹各種成分的組成物、構造、特性與功能。
3. 區分原核細胞與真核細胞。
4. 區分動物細胞與植物細胞。

九、教學過程：

時間	教學方法與活動	學習內容
20 min	問題的引發 引導式教學	【提問】細胞的構造有哪些？→請學生依先備知識發表學過的內容。 【教師講解】利用 Thinglink（附圖一）的細胞構造圖讓學生了解細胞是生命的基本單位，並複習細胞核、細胞質和細胞膜的功能與重要性。
30 min	講述式教學 引導式教學	【教師講解】介紹各種成分的組成物、構造、特性與功能。
20 min	講述式教學 探索式教學	【教師講解】介紹各種成分的組成物、構造、特性與功能。請學生用 Thinglink 主動尋求圖中的資料與內涵。
30 min	活動式教學 討論式教學	利用 Thinglink 原核細胞（附圖二）、真核細胞、動物細胞與植物細胞（附圖三）的請學生分組討論並報告。 【問題】區分原核細胞與真核細胞的異同點。 【問題】區分動物細胞與植物細胞的異同點。 【問題】各胞器細胞膜的異同點。
50 min	總結及學習評量	隨堂測驗與檢討。

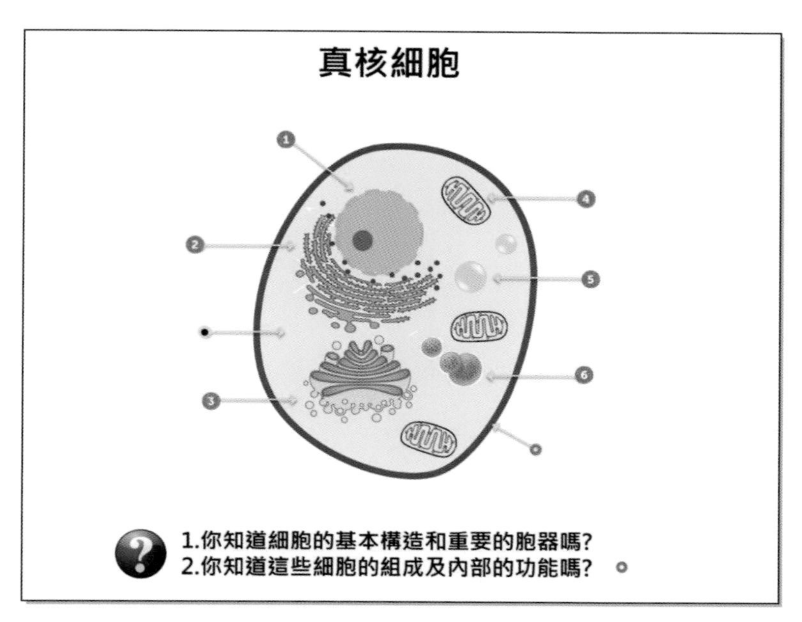

附圖一　細胞的基本結構（Thinglink 圖片鏈結 https://bit.ly/2SKDoo2）

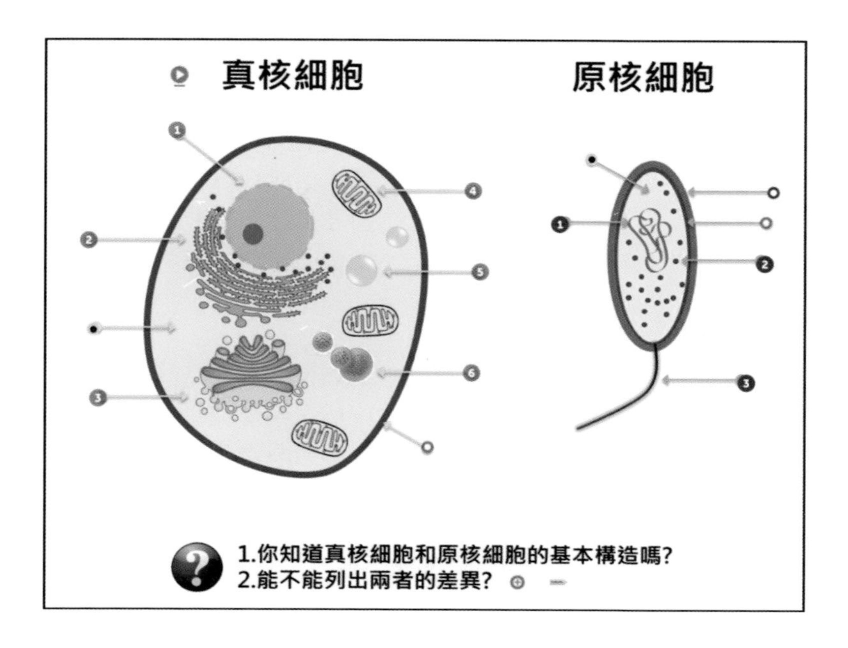

附圖二　真核細胞與原核細胞（Thinglink 圖片鏈結 https://bit.ly/2Mn2Cbg）

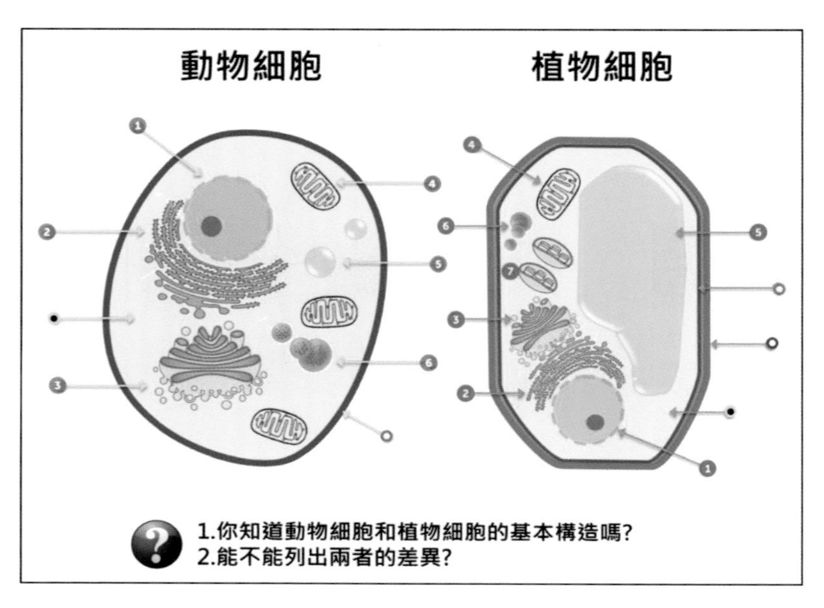

附圖三　動物細胞與植物細胞（Thinglink 圖片鏈結 https://bit.ly/2JWnDaQ）

國家圖書館出版品預行編目資料

ThingLink：VR網頁內容輕鬆做／王妙媛，楊小瑩著．——初版．——臺北市：五南，2019.09
面； 公分
ISBN 978-957-763-607-2（平裝）

1.網頁設計 2.虛擬實境 3.電腦程式設計

312.1695 108013593

5DL2

ThingLink－VR網頁內容輕鬆做

作　　者— 王妙媛、楊小瑩（311.9）
發 行 人— 楊榮川
總 經 理— 楊士清
總 編 輯— 楊秀麗
主　　編— 高至廷
責任編輯— 金明芬
封面設計— 姚孝慈
出 版 者— 五南圖書出版股份有限公司
地　　址：106台北市大安區和平東路二段339號4樓
電　　話：(02)2705-5066　　傳　　真：(02)2706-6100
網　　址：http://www.wunan.com.tw
電子郵件：wunan@wunan.com.tw
劃撥帳號：01068953
戶　　名：五南圖書出版股份有限公司
法律顧問　林勝安律師事務所　林勝安律師
出版日期　2019年9月初版一刷
定　　價　新臺幣220元

凝煉知識品味閱讀